BEI GRIN MACHT SICH IHR WISSEN BEZAHLT

AF152777

- Wir veröffentlichen Ihre Hausarbeit, Bachelor- und Masterarbeit

- Ihr eigenes eBook und Buch - weltweit in allen wichtigen Shops

- Verdienen Sie an jedem Verkauf

Jetzt bei www.GRIN.com hochladen und kostenlos publizieren

Carolin Duda

Meeresökosysteme (ohne Tiefsee) am Beispiel der Antarktis

GRIN Verlag

Bibliografische Information der Deutschen Nationalbibliothek:

Die Deutsche Bibliothek verzeichnet diese Publikation in der Deutschen National-
bibliografie; detaillierte bibliografische Daten sind im Internet über http://dnb.d-
nb.de/ abrufbar.

Impressum:

Copyright © 2006 GRIN Verlag GmbH
Druck und Bindung: Books on Demand GmbH, Norderstedt Germany
ISBN: 978-3-638-92020-9

Dieses Buch bei GRIN:

http://www.grin.com/de/e-book/83548/meeresoekosysteme-ohne-tiefsee-am-beispiel-
der-antarktis

GRIN - Your knowledge has value

Der GRIN Verlag publiziert seit 1998 wissenschaftliche Arbeiten von Studenten, Hochschullehrern und anderen Akademikern als eBook und gedrucktes Buch. Die Verlagswebsite www.grin.com ist die ideale Plattform zur Veröffentlichung von Hausarbeiten, Abschlussarbeiten, wissenschaftlichen Aufsätzen, Dissertationen und Fachbüchern.

Besuchen Sie uns im Internet:

http://www.grin.com/

http://www.facebook.com/grincom

http://www.twitter.com/grin_com

Hochschule Vechta
Fachgebiet Geographie

Ausarbeitung eines Referats im Rahmen des Seminars:

„Spezialfragen der physischen Geographie/Geoökologie"

Thema: **„Meeresökosysteme (ohne Tiefsee) am Beispiel der Antarktis"**

Sommersemester 2006

Inhaltsverzeichnis

1. Einleitung und Zielsetzung

Die Erdoberfläche ist zu ca. 70% von Wasser bedeckt. Daher ist es notwendig sich intensiv mit aquatischen Ökosystemen zu beschäftigen. Hierbei muss zwischen verschiedenen Arten von Gewässern unterschieden werden. So wird zum einen zwischen Süß- und Salzwasser und zum anderen zwischen fließenden und stehenden Gewässern differenziert.[1]

Aufgrund ihrer Lebensweise wird zwischen den frei im Wasser lebenden planktischen Organismen (Plankton) und den festsitzenden, benthisch lebenden (Benthos = auf dem Meeresboden und Boden sonstiger Gewässer lebenden, festgewachsenen und freien Organismen)[2] unterschieden, worauf in Kapitel 3.3 näher eingegangen werden wird. Außerdem wird zur Charakterisierung der Lebensräume zwischen der Freiwasserzone (Pelagial), der Bodenzone (Benthal) und der Uferzone (Litoral) differenziert.[3] Die vorliegende Arbeit beschäftigt sich speziell mit den marinen Ökosystemen und deren ökologischen Gegebenheiten.

In einem weiteren Teil der Ausarbeitung geht es um das antarktische Ökosystem. In diesem Zusammenhang soll auf den Antarktischen Krill eingegangen werden, sowie auf die Auswirkungen der Klimaveränderungen auf dessen Bestand. Auch das für die Antarktis charakteristische Methanhydrat soll kurz Erwähnung finden.

2. Marine Ökosysteme

Die Meere stellen das größte zusammenhängende Ökosystem dar. Die Besonderheiten liegen in der großen Tiefe, der Ausdehnung sowie den weiträumigen Nahrungsbeziehungen, worauf im Folgenden näher eingegangen werden wird.

2.1 Gegebenheiten im Lebensraum Meer die von ökologischem Interesse sind

Zu den bedeutenden Eigenschaften bezüglich des Meeres, die von ökologischem Interesse sind, gehören folgende Faktoren:

---

[1] vgl. Universität Hamburg: http://www.biologie.uni-hamburg.de/b-online/e58/58.htm, Stand: 03.07.06.
[2] vgl. Leser, H. (2001), S. 75.
[3] vgl. Universität Hamburg: http://www.biologie.uni-hamburg.de/b-online/e58/58.htm, Stand: 03.07.06.

Die Größe: Das Meer hat eine Größe von 361 Mio. km² und bedeckt 70,8% der Erdoberfläche. Hierbei beträgt das Volumen der marinen Wassermassen ca. 1,4 Mrd. km².

Die Meerestiefe: Die größte Meerestiefe befindet sich östlich der Philippinen und ist 11.033 m tief. Des Weiteren ist anzuführen, dass sich ca. 8% der Meeresoberfläche über Tiefen von mehr als 4.000 m ausdehnen. Diesbezüglich ist von Bedeutung, dass die Meerestiefe, neben dem Salzgehalt, das hauptsächliche Hindernis für die freie Beweglichkeit der Organismen darstellt, worauf im Folgenden (siehe Der Salzgehalt des Meeres) näher eingegangen wird.

Die Kontinuität des Meeres: Das Meer besitzt eine Kontinuität, das bedeutet, dass es nicht getrennt ist, wie die Standorte auf dem Festland und im Süßwasser. Vielmehr sind alle Meere miteinander verbunden. Die Meere werden hierbei in Ozeane, Randmeere und Mittelmeere unterteilt. Bezogen auf größere Flächen können die Weltmeere in den Atlantischen, den Pazifischen und den Indischen Raum gegliedert werden.

Die kontinuierliche Wasserzirkulation: Das Meer ist in einer beständigen Zirkulation. So werden z.B. durch Passatwinde, die aufgrund unterschiedlicher Lufttemperaturen zwischen den Polen und dem Äquator entstehen, zusammen mit der Erdrotation, Meeresströmungen verursacht. Hinzu kommt, dass tiefere Strömungen durch die Dichteunterschiede des Wassers aufgrund von Temperaturunterschieden und unterschiedlichen Salzgehalten erzeugt werden.[4]

Des Weiteren gibt es im Meer keine Winterstagnation. Abkühlendes Oberflächenwasser sinkt permanent nach unten ab. Wenn es im Winter zu einem Gefrieren der Oberfläche kommt, führt dies zwar zu einer Verlangsamung dieses Vorgangs, nicht aber zu einer Stagnation. Eine Sommerstagnation ist hingegen möglich. Sie tritt ein, wenn im Sommer die warmen Wassermassen über den kalten liegen. So wird eine Austauschbewegung verhindert. Daraus kann geschlossen werden, dass Wassertauschprozesse nur in den höheren Breiten stattfinden können.[5] Auch Wechselwirkungen zwischen z.B. Winddruck, Corioliskraft und der physikalischen Gestaltung des Beckens spielen in Bezug auf die kontinuierliche Wasserzirkulation eine bedeutende Rolle[6], worauf im weiteren Verlauf jedoch nicht näher eingegangen wird.

---

[4] vgl. Odum, E.-P. (1999), S. 376.
[5] vgl. MYSS: http://www.myss.de/science/oekologie/oekosysteme.html, Stand: 03.07.06.
[6] vgl. Odum, E.-P. (1999), S. 376.

Strömungsverhältnisse: Aufgrund von äquatornahen Winden kommt es zu Oberflächenströmungen. Diese transportieren das Wasser in nördliche und südliche Richtung. Dort kühlen sie ab und sinken in tiefere Schichten. Von diesen Schichten aus bewegen sie sich als Tiefenströmung zurück.[7]

Die Tiden: Das Meer wird unter anderem von Tiden beherrscht. Diese treten mit einer Periodizität von 12,5 Stunden auf, sodass die Flut an vielen Orten zweimal täglich eintritt. Es kann zwischen Nipptiden und Springtiden unterschieden werden. So tritt die Springtide alle zwei Wochen auf, wenn Sonne und Mond „zusammenwirken". An diesem Zeitpunkt ist die Amplitude (Schwingungsweite) der Tiden größer, das heißt, die Flut ist sehr hoch und die Ebbe ist sehr niedrig. In der Mitte der vierzehntägigen Periode, wenn der Einfluss der Sonne und des Mondes sich gegenseitig aufhebt, ist der Abstand zwischen Ebbe und Flut am Kleinsten, und die so genannte Nipptide entsteht. Der Tidenhub beträgt auf dem offenen Meer nur etwa 30 cm, kann jedoch in geschlossenen Buchten bis zu 15 m hoch werden. Es gibt viele Faktoren, von denen das Ausmaß der Tiden abhängt, daher ist das Tidenmuster an verschiedenen Orten der Welt unterschiedlich.[8]

Der Salzgehalt des Meeres: Das Salz gelangt über Abflüsse vom Festland in die Weltmeere. Es stammt aus den kontinentalen Gesteinsmassen. Die Salinität (Salzgehalt) beträgt 35‰ (Promille). Davon bestehen etwa 27‰ aus Natriumchlorid und der Rest zum größten Teil aus Magnesium-, Calcium- und Kaliumsalzen. Temperatur und Salinität gehören zu den wichtigsten Faktoren im Meer.[9] Die biologische Bedeutung des Salzgehaltes liegt in der osmotischen Wirkung. So stimmt bei einer Vielzahl von Meeresorganismen die Körperkonzentration mit der des Meeres überein. Hinzu kommt, dass abweichende Salzgehalte nur bedingt und nicht bei jeder Temperatur vertragen werden können, zumal der osmotische Druck mit der Temperatur steigt.[10] Auch hinsichtlich der Dichteerhöhung des Wassers ist der Salzgehalt von Bedeutung. So erreicht Salzwasser erst bei 0°C seine größte Dichte. Salzarmes Wasser schwimmt auf salzreichem Wasser und gefriert früher. In Folge von unterschiedlichen Temperaturen und Salzgehalten kommt es zu einer Entstehung von horizontalen Wassergrenzen.[11] Hieraus kann man schließen, dass sowohl die Salinität als auch die Temperatur großen Einfluss auf den Lebensraum

---

[7] vgl. MYSS: http://www.myss.de/science/oekologie/oekosysteme.html, Stand: 03.07.06.
[8] vgl. Odum, E.-P. (1999), S. 377.
[9] ebd. S. 377.
[10] vgl. Freenet: http://people.freenet.de/biologie-web/oeko/oeko.htm, Stand: 03.07.06.
[11] ebd.

Meer haben. So sind unter anderem aufgrund von Temperaturunterschieden und der Salinität, der Beweglichkeit der Organismen natürliche Grenzen gesetzt. Dies ist auch einer der Gründe dafür, dass die höchsten Art- und Individuenzahlen in flachen küstennahen Gebieten (dem Kontinentalschelf) oder Randmeeren (z.b. Ostsee) vorkommen.[12]

Die Konzentration der gelösten Meersalze: Bezüglich der gelösten Nährsalze ist festzuhalten, dass die Konzentration sehr gering ist, und für die Größer mariner Populationen einen bedeutenden Faktor darstellt. Diese Nährsalze, wie z.b. Nitrate und Phosphate, liegen in sehr starker Verdünnung vor und werden nicht wie Natriumchlorid und andere Salze in Promille angegeben, sondern in Milligramm-Atome je Kubikmeter erfasst. Auch die Verweildauer der Nährsalze ist sehr viel geringer als die des Natriumchlorids oder anderer Salze. Aus diesem Grund schwankt die Konzentration dieser lebenswichtigen Salze stark von Ort zu Ort und von Jahreszeit zu Jahreszeit. Einer der bedeutendsten Gründe für die allgemeine biologische geringe Fruchtbarkeit der offenen See, ist die sehr geringe Größe der autotrophen (niedere und höhere Pflanzen sowie Bakterien, die aus anorganischen Verbindungen organische Substanz aufbauen)[13] und der heterotrophen (Organismen, die sich ausschließlich von organischen Stoffen ernähren und somit von anderen Lebewesen abhängen)[14] Nährstoffregeneration. An dieser Stelle sei kurz das marine Plankton erwähnt, welches sich an diese Umstände angepasst und so einen kurzgeschlossenen Nährstoffkreislauf entwickelt hat. Dies macht deutlich, dass eine geringe Konzentration von Nährstoffen nicht zwangsläufig bedeutet, dass sie limitierend (einschränkend) wirken. [15]

2.2 Die marinen Biota

Die marinen Biota können als sehr abwechslungsreich bezeichnet werden. *Coelenteraten* (Hohltiere wie Quallen, Seeanemonen und Korallen)[16], *Porifera* (Schwämme, Porenträger)[17], *Echinodermen* (Seesterne)[18], *Anneliden* (Ringelwürmer,

---

[12] vgl. Universität Hamburg: http://www.biologie.uni-hamburg.de/b-online/e58/58d.htm, Stand: 03.07.06.
[13] vgl. Leser, H. (2001), S. 61.
[14] ebd. S. 317.
[15] vgl. Odum, E.-P. (1999), S. 379.
[16] vgl. Fortunecity: http://www.fortunecity.de/lindenpark/hundertwasser/517/hydraweb.html, Stand: 04.07.06.
[17] vgl. Zoologie: http://www.zoologie-online.de/Systematik/Metazoa/Porifera/porifera.html, Stand: 04.07.06.
[18] vgl. Universität Frankfurt: http://www.geologie.uni-frankfurt.de/Staff/Homepages/Schootbrugge/GEOI_BlW h_5.pdf, Stand: 04.07.06.

Schraubenalgem)[19] und diverse kleine Tierstämme sind für das Meer von großer Bedeutung. Obschon das Meer eine enorme Fläche einnimmt, leben nur 16% aller bekannten Tierarten in ihm.[20]

In den beiden aquatischen Umwelten nehmen Bakterien, *Crustaceen* (Krebstiere)[21] und Fische eine besondere Stellung ein. Die Vielfältigkeit von Algen, hierbei sind besonders die braunen und roten Algen zu nennen, *Crustaceen, Molusken* (Weichtiere) und Fischen ist jedoch im Meer größer. In Bezug auf die *Crustaceen* ist anzumerken, dass diese, aus ökologischer Sichtweise, als die „Insekten des Meeres" bezeichnet werden können.[22]

Abb. 1 stellt die Hauptgruppen der marinen Organismen dar, welche an der Nahrungskette im Meer beteiligt sind. Des Weiteren wird veranschaulicht, wie d e Beziehungen von Ernährung und Tiefe, welche alle Glieder zu einem großen Ökosystem verbinden, sind. Das Mikroplankton und die Benthosfauna werden in der Abb. nicht berücksichtigt. Mit Hilfe der Punkte, und der nach unten gerichteten Pfeile wird der Detritusregen angedeutet. Dieser muss nicht zwangsläufig der hauptsächliche Weg des Nahrungstransports aus der euphotischen in die tiefere Zonen sein.

---

[19] vgl. Universität Le Havre: http://www.univ-lehavre.fr/cybernat/allemand/pages/annelial.htm, Stand: 04.07.06
[20] vgl. Odum, E.-P. (1999), S. 380.
[21] vgl. LexiROM Version 3.0.
[22] vgl. Odum, E.-P. (1999), S. 380.

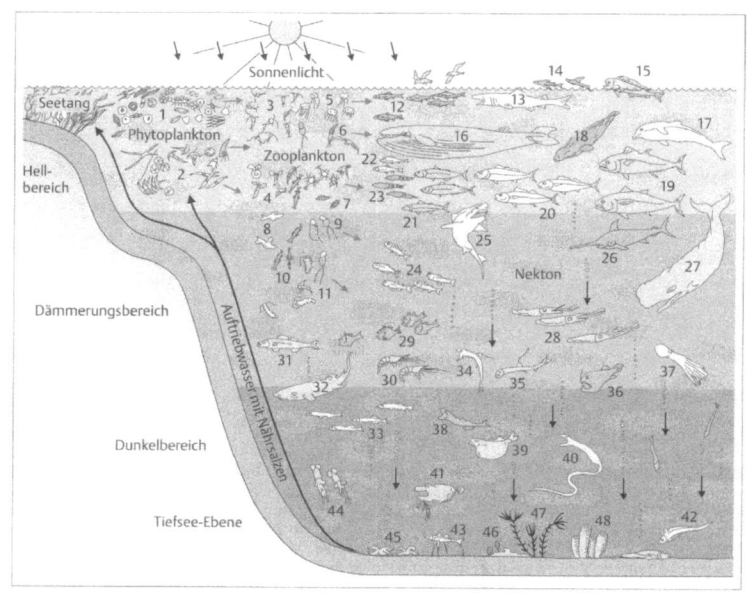

1 Kieselalgen (Diatomeae)	17 Tümmler	33 Mundstachler *(Cyclothone)*
2 Geißelträger (Flagellata)	18 Robben	34 Viperfische
3 Ruderfußkrebse (Copepoda)	19 Thunfische	35 Viperfische
4 Flügelschnecken (Pteropoda)	20 Bonitos	36 Anglerfische
5 Medusen	21 Makrelen	37 Kraken (Octopodidae)
6 Krill (Euphausiacea)	22 Heringsartige Fische	38 Kreuzzahnbarsche *(Chiasmodon)*
7 Krebslarven	23 Tintenschnecken (Kopffüßer)	39 Kreuzzahnbarsche *(Chiasmodon)*
8 Kielschnecken (Heteropoda)	24 Leuchtsardinen	40 Sackmünder (Saccopharyngidae)
9 Rippenquallen (Ctenophora)	25 Zahnhaie	41 Laternenangler *(Linophryne)*
10 Pfeilwürmer (Chaetognatha)	26 Schwertfische	42 Grenadierfische (Macrouroidei)
11 Borstenwürmer (Polychaeta)	27 Pottwale	43 Tiefseefühlerfische *(Bathypterois)*
12 Heringsartige Fische	28 Große Kalmare (Kopffüßer)	44 Kalmare (Kopffüßer)
13 Riesenhaie	29 Beilbäuche *(Argyropelecus)*	45 Schlangensterne
14 Fliegende Fische	30 Rote Tiefseegarnelen	46 Armfüßer
15 Goldmakrelen	31 Kohlenfische *(Anoplopoma)*	47 Seelilien
16 Blauwale	32 Eishaie	48 Glasschwämme

Abb. 1: *Die Hauptgruppen der Organismen im Meer, die an der Nahrungskette beteiligt sind*
(Quelle: verändert nach Odum, E.-P., 1999, S. 382)

In Bezug auf die Organismen ist festzuhalten, dass an den Stellen, wo kaltes, nährstoffreiches Tiefenwasser an die lichtdurchflutete Oberfläche steigt, eine hohe Primärproduktion durch das Phytoplankton erfolgt. Aus dem Phytoplankton ergibt sich die Grundlage für Herbivore (tierische Organismen, die sich von lebender Pflanzensubstanz ernähren)[23] und *Karnivore*[24] (tier- oder fleischfressend, gilt für

---

[23] vgl. Leser, H. (2001), S. 316.
[24] vgl. MYSS: http://www.myss.de/science/oekologie/oekosysteme.html, Stand: 03.07.06.

Tiere und Pflanzen)[25]. Hierbei werden die toten Organismen zum größten Teil schon auf dem Weg nach unten zersetzt, die restlichen Organismen zersetzen die Bodenorganismen. Im Zuge dieser Vorgänge kommt es zu einer Bildung von Nährstoffen. Diese gelangen durch eine aufsteigende Tiefenströmung in die Produktionszone. Aus diesen Vorgängen lässt sich schließen, dass sich die reichsten Fischgründe in den kälteren Zonen befinden, während die Gebiete entlang des Äquators nur sehr geringe Fischbestände aufweisen. In diesen Gebieten werden die Temperaturverhältnisse, wie bereits erwähnt, zu einem Hindernis für die Austauschbewegungen.[26] Auch in Bezug auf eine Vielzahl von marinen Algen kann dieses Phänomen festgestellt werden. So ist deren Produktivität in kälteren Regionen meist höher als in den Wärmeren, da die meisten marinen Algen recht kälteverträglich sind, gegenüber Wärme jedoch sehr empfindlich reagieren.[27]

2.3 Die Zonierung des Meeres

Um sich dem Ökosystem Meer zu nähern, bietet es sich an, eine Zonierung anzuwenden. So ist in diesem Zusammenhang zunächst der Begriff „pelagisch" zu nennen. Dieser Begriff dient zur gemeinsamen Bezeichnung von Plankton und *Nekton* (Lebensgemeinschaft der aktiv beweglichen Organismen) und *Neuston* (Mikroorganismen in der obersten, unmittelbar unter der Oberfläche liegenden Wasserschicht). Kurz gesagt umfasst der Begriff *„pelagisch"* das gesamte Leben im offenen Wasser.[28]

Die horizontale Gliederung umfasst die küstennahen bis zu 200 km breiten und 200 m tiefen Schelfgebiete (auch Kontinentalsockel genannt), an die sich der Kontinentalabhang anschließt.[29] An dieser Stelle fällt der Boden steil ab und fängt sich dann etwas, ehe er auf eine tiefere, aber gleichmäßige Ebene absinkt. Als die *neritische* (küstennahe) Zone wird die Flachwasserzone auf dem Schelf bezeichnet.[30] Zum anderen umfasst die horizontale Differenzierung das *Litoral* (Küstenbereich; Zone zwischen Ebbe und Flut.) und die *sublitorale* Zone. In die

[25] vgl. Leser, H. (2001), S. 120.
[26] vgl. MYSS: http://www.myss.de/science/oekologie/oekosysteme.html, Stand: 03.07.06.
[27] vgl. Universität Hamburg: http://www.biologie.uni-hamburg.de/b-online/e58/58d.htm, Stand: 03.07.06.
[28] vgl. Odum, E.-P. (1999), S. 380.
[29] vgl. MYSS: http://www.myss.de/science/oekologie/oekosysteme.html, Stand: 03.07.06.
[30] vgl. Odum, E.-P. (1999), S. 381.

sublitorale Zone sind die tiefer gelegenen Bodenzonen und die Schelfgebiete inbegriffen.

Die ozeanische Region umfasst den Bereich des offenen Ozeans, welche jenseits des Kontinentalschelfs liegt. Des Weiteren gibt es ein geologisch aktives Gebiet, welches als *Bathyal* bezeichnet wird. Dieses befindet sich beim Kontinentalabhang/-rand, und hat Gräben und Canyons, welche Unterwassererosion und –lawinen ausgesetzt sind. Ein weiterer Bereich wird als *Abyssal* bezeichnet (Bereich der ozeanischen Tiefen). Dieser Bereich wird im Folgenden jedoch nicht näher erläutert, da die vorliegende Ausarbeitung nicht den Bereich der Tiefsee umfasst.[31]

In Bezug auf die vertikale Gliederung wird je nach Lichteinfall zwischen einer *euphotische* (ausreichende Lichtversorgung in der Zone des Sublitorals, Licht ist dort photosynthetisch wirksam)[32] und einer *aphotischen* (Tiefenstufe der Gewässer, in die kein Licht mehr eintritt)[33] Zone unterschieden.[34] Abb. 2 verdeutlicht, dass die euphotische Zone in dem klaren Wasser des Ozeans tiefer hinab geht (ca. 100-200m), als in den trüberen und reicheren Küstengewässern. Dort liegt das Eindringungsvermögen des Lichtes bei nicht mehr als 30 m.[35]

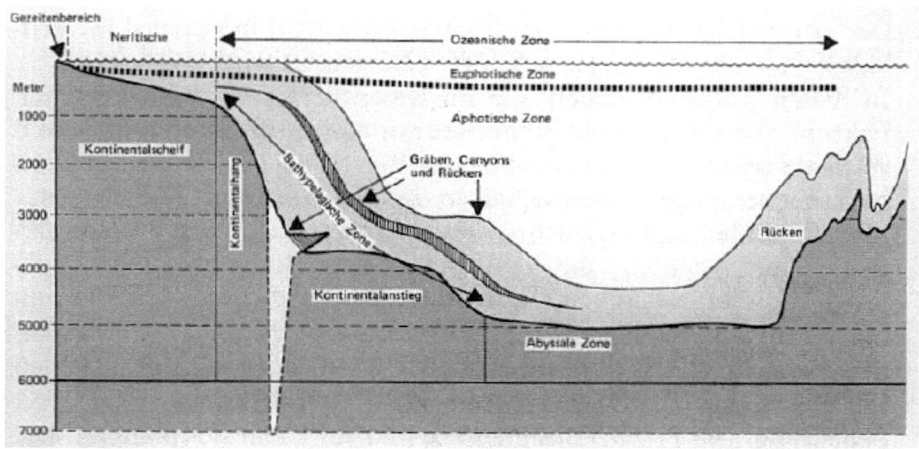

Abb. 2: *Die Zonierung des Meeres*
(Quelle: Odum, E.-P. 1999, S. 381)

[31] vgl. Odum, E.-P. (1999), S. 381.
[32] vgl. Leser, H. (2001), S. 187.
[33] ebd. S. 40.
[34] vgl. MYSS: http://www.myss.de/science/oekologie/oekosysteme.html, Stand: 03.07.06.
[35] vgl. Odum, E.-P. (1999), S. 381.

Wie bereits zuvor in Kapitel 2.2 / Abb. 1 verdeutlicht wurde, ist in der aphotischen Zone in den meisten Fällen eine gut ausgeprägte horizontale und vertikale sekundäre Zonierung an der Verteilung der Gemeinschaften zu erkennen. An dieser Stelle ist zu erwähnen, dass die Gemeinschaften in den primären Zonen zwei verschiedene vertikale Komponenten besitzen. So gibt es einerseits die *benthischen* und andererseits die *pelagischen* Organismen. Im marinen Pelagial befindet sich die Domäne des Planktons. Je nach der vertikalen Verteilung des Planktons kann von *epipelagischem* (Oberfläche 200 m), *mesopelagischem* (200-1000 m) und *abyssopelagischem* (> 5000 m) Plankton gesprochen werden.[36]

Ferner ist zu bedenken, dass im Meer größere Vorkommen von *sessilen* (festsitzenden) Tieren sind, als im Süßwasser. Diese *sessilen* Pflanzen befinden sich jedoch in der Tiefsee. Aus diesem Grund wird auf diese Thematik im weiteren Verlauf nicht näher eingegangen.[37]

3. Einige Beispiele und Fakten anhand der antarktischen Ökosysteme

Als Antarktis werden die Land- und Meeresgebiete um den Südpol bezeichnet, welche sich auf einer großen Landmasse, *Antarktika* (wörtlich: Gegen-Arktis, auch Südkontinent genannt), befinden und sich bis zum 60. Breitengrad erstrecken.[38] Antarktika ist ca. 12,4 Mio. km^2 groß, einschließlich der Schelfeistafeln ca. 13,9 Mio. km^2.[39] Schelfeis besteht aus schwimmenden Eistafeln, welche eine Art kristallenes Außenskelett bilden. Dieses hält den Eiskontinent zusammen und schützt und formt ihn.[40] Hinzu kommt, dass die Antarktis von einer bis 4 km mächtigen Inlandeisdecke bedeckt wird, aus der am Rand hohe Gebirge (z.B. Vinson Massiv: 5140 m ü. M.) ragen. Der tiefste Punkt ist der subglaziale Bentleygraben im Ostteil der Antarktis, dieser liegt bei 2.538 m unter dem Meeresspiegel. Nur etwa 350. 000 km^2 sind eisfrei.[41] So sind in der Antarktis ca. 90% des irdischen Eises und 75% der weltweiten Süßwasser-Reserven in der ca. 4.500, dicken Eisschicht enthalten.

---

[36] vgl. Odum, E.-P. (1999), S. 381.
[37] ebd. S. 381.
[38] vgl. Deutsche Enzyklopädie: http://www.calsky.com/lexikon/de/txt/a/an/antarktis.php#Klimatologie, Stand: 09.07.06.
[39] vgl. LexiROM Version 3.0.
[40] vgl. May, J. (1988), S. 30.
[41] vgl. LexiROM Version 3.0.

Während des antarktischen Winters erstrecken sich die Schelfeisgebiete weit ins Meer. Die Eisdecke weitet sich dann auf ein Gebiet von bis zu 30 km^2 aus. Charakteristisch für die Antarktis sind außerdem die gigantischen Tafeleisberge, die vom Schelfeis abbrechen („kalben") und auf dem Meer treiben. Es herrscht ein polares Wüstenklima, und die jährliche Durchschnittstemperatur liegt bei ca. -55°C. Generell kann die Antarktis als der weltweit kälteste, niederschlagärmste und windigste Kontinent bezeichnet werden. [42]

Die Antarktis wird vom südlichen Ozean umgeben. Außer vielen kleinen Inseln ist der nächstgelegene Punkt eines anderen Kontinents Feuerland an der Südspitze Südamerikas und, danach kommen das Kap der guten Hoffnung, Tasmanien und Neuseeland. Hinzu kommt, dass die Antarktis in mehrere große Gebiete, Meere und Schelfs unterteilt ist. Abgesehen von Forschungsstationen ist die Antarktis unbewohnt.[43]

Es ist außerdem anzufügen, dass die Antarktis von einer sehr großen Packeiszone umgeben ist, in der sich eines der üppigsten Ökosysteme der Welt entwickelt hat. Besonders Charakteristisch für die Antarktis ist der Krill, welcher an der Spitze der Nahrungskette für die zahlreichen Meeres- und Landtiere wie Fische, Wale, Kalmare etc. steht (siehe dazu Kapitel 4.2). Auch der Meeresboden ist von einer Vielzahl von Tieren und Pflanzen bevölkert. Diesbezüglich ist anzumerken, dass die Eisberge des antarktischen Eisschilds, die jährlich abbrechen und sich mit immenser Kraft ins Meer schieben, den Meeresboden umpflügen. So rutschen die Eisberge ins Meer, und gleiten über die glatten Flächen. Dadurch werden im Boden lange Gräben gezogen, bis der Eisberg an einer Erhebung zum Stehen kommt. Diese Stelle wird „Eisbergfriedhof" genannt. Im Zuge dieses Vorgangs und dem anschließenden Schmelzen wird dieser Bereich des Bodens für Jahre geschädigt. In Folge dessen kommt es teilweise zu massiven Veränderungen für die lokalen Lebensformen. So kann festgehalten werden, dass die Eisberge auf kurze Zeit eine Katastrophe für Flora und Fauna des Meeres sind, auf lange Zeit gesehen jedoch für eine größere Artenvielfalt sorgen, da nach jedem Durchpflügen die jeweilige Gegend neu besiedelt wird und sich weiterentwickelt.[44]

---

[42] vgl. Deutsche Enzyklopädie: http://www.calsky.com/lexikon/de/txt/a/an/antarktis.php#Klimatologie, Stand: 09.07.06.

[43] vgl. Deutsche Enzyklopädie: http://www.calsky.com/lexikon/de/txt/a/an/antarktis.php#Klimatologie, Stand: 09.07.06.

[44] ebd.

Abschließend ist anzuführen, dass in der Antarktis Ökosysteme vorkommen, die in ihrer Art einzigartig sind. Dies lässt sich darauf zurückführen, dass in der Antarktis sehr extreme Umweltbedingungen vorliegen. Hinzu kommt, dass die Antarktis, wie bereits erwähnt, weitgehend noch frei von menschlichen Einflüssen ist.[45]

3.1 Ozeanographie im Gebiet der Antarktis

Die Tiefenstruktur des Südlichen Ozeans kann bezüglich der Tiefenstruktur in drei Bereiche aufgeteilt werden. Diese sind das antarktische Oberflächenwasser, das zirkumpolare Tiefenwasser und eine darunter liegende stationäre Schicht. Allerdings muss beachtet werden, dass im Bereich des Kontinentalschelfs nur zwei Bereiche vorliegen. So ist hier eine Schicht Schelfwasser und darüber eine leicht modifizierte Schicht des zirkumpolaren Tiefenwassers. Hierbei ist das zirkumpolare Tiefenwasser in das weltumspannende Zirkulationssystem der Ozeane eingebunden. Daher kommt der Region eine bedeutende Rolle im globalen Wärmehaushalt zu. In diesem Zusammenhang nehmen die vertikalen Zirkulationsströme eine tragende Stellung ein, da diese einen Austausch zwischen dem Tiefen- und Oberflächenwasser bewirken. Dadurch kommt es zum einen dazu, dass das Tiefenwasser durch Wärmeabgabe an die kältere Atmosphäre abkühlt, und zum anderen mit Kohlenstoff und Sauerstoff aus der Luft angereichert wird.

Weitergehend findet man in ca. 1.500 m Entfernung vor den Küsten mit der antarktischen Konvergenz eine stabile Strömung, den antarktischen Zirkumpolarstrom, welche den Kontinent ostwärts umspült. Da diese Strömung das kalte antarktische Wasser von den wärmeren nördlicheren Ozeanen trennt, sorgt sie für eine Wärmeisolation der Antarktis. Diese trägt wesentlich zu den extrem niedrigen Temperaturen des Kontinents bei.[46]

3.2 Der Antarktische Krill

Der Krill (*Euphasia superba*) ist für das Südpolarmeer von ausgesprochen großer Bedeutung. Er bildete die Hauptnahrungsquelle für die früher sehr großen Bartenwalbestände. Heute steht der Krill an der Spitze der Nahrungskette für

---

[45] ebd.
[46] vgl. Deutsche Enzyklopädie: http://www.calsky.com/lexikon/de/txt/a/an/antarktis.php#Klimatologie, Stand: 09.07.06.

Robben, Pinguine etc. und nimmt so eine Schlüsselrolle für den Energiefluss durch das Ökosystem Antarktis ein. Er kann ca. eine Länge von 6 cm und ein Gewicht von 1 g erreichen. Da die Krebse einen hohen Gehalt an Carotinoiden haben, erscheinen dichte Schwärme als rötliche Flecken im Wasser. Die Krillschwärme können einen Durchmesser von mehreren Kilometern einnehmen und haben eine Individuendichte von ca. 30.000 Tieren je m³. Der Krill gehört zu den Herbivoren und seine Hauptnahrung stellt die *Diatomee* (Kieselalge)[47] dar. Es ist außerdem anzumerken, dass der Krill mit einer geschätzten Biomasse zwischen 500 und 750 Mio. t die größte Biomasse seiner Art darstellt, die auf der Erde existiert. Hierbei liegt die Jahresproduktion bei ca. 750-1350 Mio. t. Anhand dieser Zahlen wird deutlich, wie groß die wirtschaftliche Bedeutung des Krills ist. So ist die Krillfischerei die weltweit größte Fischerei von Krustentieren. Derzeit kann davon ausgegangen werden, dass der Bedarf an Krill weiter wachsen wird. Dies liegt an einem prognostiezierten höheren Bedarf an Krillprodukten. So können Krillprodukte unter anderem als Futter in Auqakulturen dienen, jedoch ist der Krill auch für pharmazeutische Zwecke sehr gut einsetzbar. Hinzu kommt, dass der der Krill, vor allem in Japan, für den menschlichen Verzehr benötigt wird. So wird der Krill in mehreren Regionen als sehr nahrhaftes organisches Meeresfrüchte-Produkt vermarktet, das mild und ähnlich wie Hummer schmeckt und reich an Omega-3-Fettsäuren, Vitaminen, Mineralstoffen und Antioxidantien ist.[48] In diesem Zusammenhang ist zu erwähnen, dass es ohne eine internationale Konvention kaum möglich ist, eine sinnvolle Ausnutzung des Krills ohne eine Zerstörung der antarktischen Ökosysteme zu gewährleisten.[49] Aus diesem Grund gibt es seit 1982[50] das internationale „Übereinkommen über die Erhaltung der lebenden Meeresschätze der Antarktis" (CCAMLR). Die CCAMLR ist unter anderem für das Management der Bestände des Antarktischen Krills im Südlichen Ozean verantwortlich. Sie wurde im Rahmen des Antarktisvertrages ausgehandelt. Hierbei war die Erhaltung der Bestände des Antarktischen Krills von vornherein ein wesntlicher Faktor. Derzeit sind die Krillfangmengen im Südlichen Ozean deutlich unter den CCAMLR-Quoten, dennoch besteht die Gefahr einer lokal extensiven Fischerei in kleinen Regionen. Diese könnte Einfluss auf Arten (z.B. Wale) haben die insbesondere in der Brutzeit auf den Krill als Nahrung angewiesen sind. Insgesammt

[47] vgl. LexiROM Version 3.0.
[48] vgl. Lighthouse-Foundation: http://www.lighthouse-foundation.org/index.php?id=187, Stand: 14.07.06.
[49] vgl. Odum, E.-P. (1999), S. 392.
[50] vgl. Lighthouse-Foundation: http://www.lighthouse-foundation.org/index.php?id=184, Stand: 14.07.06.

hat die CCAMLR große Fortschritte bei der Formulierung und Entwicklung eines vorbeugenden und auf eine ökosystematischen Grundlage beruhenden Managements der marinen Ressourcen gemacht.[51]

3.3 Auswirkungen der Umweltbedingungen auf die Krillbestände in der Antarktis

In den letzten Jahren wurde festgestellt, dass der antarktische Krill niedrigere Zuwachsraten aufweist. Diesbezüglich muss man davon ausgehen, dass mögliche langfristige Veränderungen wie z.b. die globale Erwärmung oder der Ozonabbau deutliche Auswirkungen auf einzelne Tiere oder die gesamte Population der Euphausiiden haben werden. In Bezug auf den Antarktischen Krill ist es außerdem möglich, dass der beobachtete Anstieg der Lufttemperatur über dem Südlichen Ozean, welcher wiederrum die Temperatur des Oberflächenwasser und die Ausbreitung des Meereises beeinflusst, die Fortpflanzung beeinträchtigen wird. Eine weitere negative Auswirkung stellt die UV-B-Strahlung dar. Diese beeinflusst die Konzentration von Krill an der Meeresoberfläche und erhöht seine Sterberate. Daher ist dies ein weiterer Punkt, der darauf hindeutet, dass sich der Vermehrungserfolg des Krills verringern wird, und somit auch die Biomasse an Krill.

Generell kann festhalten werden, dass die Dichte des Krills im Sommer einerseits mit der Dauer, andererseits mit der Ausdehnung der Eisbedeckung des Meeres im vorausgegangenen Winter korreliert. In Bezug auf die Dichte des Krills ist außerdem anzuführen, dass diese durch ausreichendes Wintereis im Bereich der Antarktischen Halbinsel und der südlichen Inseln des Scotia Arc, die zu den bedeutendsten Laich- und Aufzuchtgebieten zählen, beeinflusst wird. Hierzu gehören auch die Regionen nördlich der Seasonal Ice Zone, also des Gebiets, das nicht permanent unter Eis liegt. Forschungen haben ergeben, dass vor allem die Schlüsselregionen für das Laichen und Heranwachsen des Krills besonders heftigen Umweltveränderungen ausgesetzt sind. Es wird davon ausgegangen, dass Änderungen der Krilldichte in weiten Bereichen des Südlichen Ozeans schwerwiegende Auswirkungen auf das gesamte antarktische Nahrungsnetz und das Gleichgewicht unter den Räubern haben.

---

[51] ebd.

An dieser Stelle muss hinzugefügt werden, dass die westliche Antarktische Halbinsel zu den Gebieten der Erde zählt, deren Temperaturen im Verlauf der globalen Erwärmung am schnellsten ansteigen. So ist dort die Dauer der winterlichen Vereisung bereits merklich verkürzt.

4. Methanhydrat

Methanhydratvorkommen gibt es unter anderem in der Antarktis. Es entsteht in Folge von immensem Druck und niedriger Temperatur am Meeresboden, wenn bei der Verwesung von abgestorbenem Plankton Methangas frei wird und mit Wassermolekülen eine Verbindung eingeht. Diese Verbindung ist sehr energiereich und leicht brennbar. Daher ist das Methanhydrat zu einem gefährlichen, jedoch begehrten Rohstoff für die kommerzielle Nutzung geworden. Klimaforscher hingegen sehen das Treibhausgas Methanhydrat als gefährlich an, da es die Atmosphäre stärker schädigen kann als z.B. Kohlendioxid.[52]

Nach groben Schätzungen ist in marinem Methanhydrat doppelt soviel Kohlenstoff gebunden wie in allen bekannten Erdgas-, Erdöl- und Kohlevorkommen zusammen. Es besteht als ein extrem großes Energiepotential. Der Abbau des Methanhydrats ist jedoch sehr kompliziert. Dies liegt daran, dass es in den oberen Wasserschichten wärmer wird, und der Druck abnimmt. Dadurch kommt es zu einer schnelleren Zersetzung des Methanhydrats, je näher es an die Wasseroberfläche kommt. In Folge dessen könnte das Gas in großen Blasen aufsteigen, wenn es nicht gelingt, den Zersetzungsprozess technisch unter Kontrolle zu bringen. Betriebsunfälle hätten jedoch schwerwiegende Folgen. Das Methanhydrat würde ungehemmt in die Atmosphäre entweichen, und so den Treibhauseffekt anheizen. In diesem Zusammenhang ist anzumerken, dass jedes Molekül Methan in der Atmosphäre einen 30-mal stärkeren Treibhauseffekt als ein Molekül Kohlendioxid bewirkt.[53]

5. Resümee

Die vorliegende Ausarbeitung hat gezeigt, dass es von großer Bedeutung ist, sich mit aquatischen Ökosystemen zu beschäftigen. Dies liegt unter anderem daran, dass Wasser, mit ca. 70%, einen sehr großen Anteil auf der Erdoberfläche einnimmt.

---

[52] vgl. WDR: http://www.wdr.de/tv/q21/1403.0.phtml, Stand: 09.07.06.
[53] vgl. GEO online: http://www.geo.de/GEO/technik/437.html, Stand: 16.07.06.

Die westliche Antarktische Halbinsel zählt zu den Gebieten der Erde, deren Temperaturen im Verlauf der globalen Erwärmung am schnellsten ansteigen. So ist dort die Dauer der winterlichen Vereisung bereits merklich verkürzt. Aus diesem Grund müssen die zunehmenden Auswirkungen des Klimawandels und des Verbrauchs natürlicher Rssourcen sorgfältig bedacht werden. Dies gilt insbesondere für den Entwurf von Management-Modellen für den Krill. Aufgrund der hohen Ungewissheit in Bezug auf die Zusammenhänge zwischen diesen Einflüssen ist es von großer Bedeutung, das Hauptaugenmerk auf vorbeugende Maßnahmen zu legen.[54]

---

[54] vgl. Lighthouse-Foundation: http://www.lighthouse-foundation.org/index.php?id=181, Stand: 14.07.06.

6.   Literaturverzeichnis:

Bücher:

Leser, Hartmut (2001): Wörterbuch Allgemeine Geographie. München: Deutscher Taschenbuch Verlag GmbH & Co. KG.

May, John (1988): Das Greenpeace-Buch der Antarktis. Ravensburg: Ravensburger Buchverlag, Otto Mayer GmbH.

Odum, Eugene.-P. (1999): Ökologie. Grundlagen – Standorte – Anwendung. Stuttgart: Georg Thieme Verlag.

Internet:

Deutsche Enzyklopädie:
http://www.calsky.com/lexikon/de/txt/a/an/antarktis.php#Klimato
logie, Stand: 09.07.06.

Fortunecity: http://www.fortunecity.de/lindenpark/hundertwasser/517/hydraweb.html, Stand: 04.07.06.

Freenet: http://people.freenet.de/biologie-web/oeko/oeko.htm, Stand: 03.07.06.

GEO online: http://www.geo.de/GEO/technik/437.html, Stand: 16.07.06.

Lighthouse-Foundation: http://www.lighthouse-foundation.org/index.php?id=187, Stand: 14.07.06.

Lighthouse-Foundation: http://www.lighthouse-foundation.org/index.php?id=184, Stand: 14.07.06.

Lighthouse-Foundation: http://www.lighthouse-foundation.org/index.php?id=181, Stand: 14.07.06.

Lighthouse-Foundation: http://www.lighthouse-foundation.org/index.php?id=176, Stand: 14.07.06.

MYSS: http://www.myss.de/science/oekologie/oekosysteme.html, Stand: 03.07.06.

Universität Hamburg: http://www.biologie.uni-hamburg.de/b-online/e58/58d.htm, Stand: 03.07.06.

Universität Frankfurt: http://www.geologie.uni-frankfurt.de/Staff/Homepages/Schootbrugge/ GEOI_BIW   h_5.pdf, Stand: 04.07.06.

Universität Le Havre: http://www.univ-lehavre.fr/cybernat/allemand/pages/annelial.htm, Stand: 04.07.06.
WDR: http://www.wdr.de/tv/q21/1403.0.phtml, Stand: 09.07.06.

Zoologie: http://www.zoologie-online.de/Systematik/Metazoa/Porifera/porifera.htm ,
Stand: 04.07.06.

CD-ROM:

LexiROM Version 3.0.